Владимир Родин

Загадки и законы Мироздания

Владимир Родин

Загадки и законы Мироздания

LAP LAMBERT Academic Publishing

Impressum / **Выходные данные**

Bibliografische Information der Deutschen Nationalbibliothek: Die Deutsche Nationalbibliothek verzeichnet diese Publikation in der Deutschen Nationalbibliografie; detaillierte bibliografische Daten sind im Internet über http://dnb.d-nb.de abrufbar.

Alle in diesem Buch genannten Marken und Produktnamen unterliegen warenzeichen-, marken- oder patentrechtlichem Schutz bzw. sind Warenzeichen oder eingetragene Warenzeichen der jeweiligen Inhaber. Die Wiedergabe von Marken, Produktnamen, Gebrauchsnamen, Handelsnamen, Warenbezeichnungen u.s.w. in diesem Werk berechtigt auch ohne besondere Kennzeichnung nicht zu der Annahme, dass solche Namen im Sinne der Warenzeichen- und Markenschutzgesetzgebung als frei zu betrachten wären und daher von jedermann benutzt werden dürften.

Библиографическая информация, изданная Немецкой Национальной Библиотекой. Немецкая Национальная Библиотека включает данную публикацию в Немецкий Книжный Каталог; с подробными библиографическими данными можно ознакомиться в Интернете по адресу http://dnb.d-nb.de.

Любые названия марок и брендов, упомянутые в этой книге, принадлежат торговой марке, бренду или запатентованы и являются брендами соответствующих правообладателей. Использование названий брендов, названий товаров, торговых марок, описаний товаров, общих имён, и т.д. даже без точного упоминания в этой работе не является основанием того, что данные названия можно считать незарегистрированными под каким-либо брендом и не защищены законом о брендах и их можно использовать всем без ограничений.

Coverbild / Изображение на обложке предоставлено: www.ingimage.com

Verlag / Издатель:
LAP LAMBERT Academic Publishing
ist ein Imprint der / является торговой маркой
OmniScriptum GmbH & Co. KG
Heinrich-Böcking-Str. 6-8, 66121 Saarbrücken, Deutschland / Германия
Email / электронная почта: info@lap-publishing.com

Herstellung: siehe letzte Seite /
Напечатано: см. последнюю страницу
ISBN: 978-3-659-67740-3

Оглавление

Загадки и законы Мироздания

В. Родин

Истина - всегда проста
и поэтому очевидна и изящна...
Ощущение истины много важнее
доказательства ее признаков,
разумеется также не бесполезных.

Введение

«Суперспин» - результат эволюции нашей Вселенной! Все очень просто, эволюция Вселенной – это «овеществление» энергии первичного возмущения и того, что называют «Большой взрыв» или «Big Bang» или «Великое начало», как очевидно именуется это событие в древних философских учениях. Хотя, «овеществление» - это весьма грубое определение, скорее – упорядочение или даже направленное упорядочение.

А теперь все по порядку.

Последовательность и развитие событий в нашей Вселенной более-менее понятны, по крайней мере, в рамках периода от Большого взрыва до настоящего времени. Что будет дальше, пытается понять современная космология, выдвигая ряд гипотез, порой весьма экстравагантных, если не сказать бредовых. Что было до, не знает никто, и современная официальная наука, увы, не может предложить нам какой-либо вразумительный ответ. Более того, у некоторых современных мыслящих ученых возникают вполне справедливые сомнения в правильности принятых фундаментальных выводов физической науки.

3

Несомненно одно: кризис в физике существует вот уже несколько десятилетий. Официальная парадигма физической науки устарела и требует серьезной корректировки.

Великолепную попытку выбраться из тупика предпринял, например, О. Н. Репченко, предложив нам «Полевую физику», весьма любопытное новое изложение природы мироздания, написанное хорошим русским языком, никоим образом не противоречащее основам классической физики и напрочь отвергающее абстрактное умничанье или откровенное лукавство современных теоретиков. Есть, конечно же, еще несколько талантливых ученых-физиков, труды которых хотя и не бесспорны, но заслуживают уважительного внимания по основным выдвигаемым предположениям. Я, разумеется, также не признаю загадочные постулаты о «пространстве-времени», постоянстве массы или «корпускулярно-волновом дуализме» в представлении официальной науки.

Описание бесконечного ряда явлений не приводит к ясному пониманию происходящего без поиска причин этих явлений, открывающих стройную систему действительности, и, в итоге, сводящих эту систему к закономерности. Механизм эволюции познания определяется бесконечной цепью «как» и «почему», последовательно чередующихся друг за другом. Любое «почему» при эволюционном развитии плавно трансформируется в «как», которому отведено время только для того, чтобы незаметно, но неотвратимо снова обернуться в «почему».

Целью этой работы не ставится слепое неприятие того, что лежит в фундаменте современной физики, напротив, господам ученым предлагается нескучный материал к размышлению, крупными мазками обозначающий сомнения некоторых «как», в надежде объяснить «почему».

1. О Глобальном Миропорядке

Очевидно, что все происходящее в физическом Мире от «микро» до «макро» подчинено некому глобальному закону. Назовем его «Закон иерархической стабилизации систем» (Law of Hierarchical Stabilisation of Systems - LHSS).

Основными постулатами этого закона определим следующие:

Постулат №1:
Все в этом Мире стремится к минимуму изменчивости.

Постулат №2:
Все происходящее – это признаки минимизации изменчивости.

Постулат №3:
Изменчивость как признак неупорядоченности – это процесс упорядочения.

Третий постулат, на первый взгляд самый парадоксальный, на фоне, казалось бы, очевидных первых двух, является более глубоким и важным в понимании природы происходящих явлений, и не только в области естественных наук, но и в других не менее важных областях знания, например, в психологии, социологии, философии наконец.

Сам предложенный Закон представляется также универсальным применительно к любой сфере мирового глобального процесса, от космологии до физики микромира.

Для формулирования LHSS введем четвертый постулат и некоторые определения.

Постулат №4:

Глобальный миропорядок определен иерархической структурой Глобальной Вселенной.

Процесс упорядочения некой замкнутой k-той системы n-уровня S_k^n, где $k = 1, 2, 3, \ldots \infty$ и

$n = 1, 2, 3, \ldots \infty$, назовем **стабилизацией** этой системы.

При рассмотрении бесконечного иерархического ряда взаимоподчиненных систем

$$\ldots \Rightarrow S_k^{n+1} = \sum_{k=1}^{\infty} S_k^n \Rightarrow S_k^n = \sum_{k=1}^{\infty} S_k^{n-1} \Rightarrow S_k^{n-1} = \sum_{k=1}^{\infty} S_k^{n-2} \Rightarrow \ldots \qquad [1.1]$$

можно допустить, что любая бесконечная замкнутая система n-уровня S_k^n, формируемая из однородных единичных элементов (**протоэлементов**) или систем низшего уровня

$$S_k^n = S_1^{n-1} + S_2^{n-1} + \ldots + S_{\infty}^{n-1} \qquad [1.2]$$

является единичным элементом замкнутой системы высшего уровня

$$S_k^{n+1} = S_1^n + S_2^n + \ldots + S_{\infty}^n \qquad [1.3]$$

Если рассматривать нашу Вселенную как бесконечную замкнутую систему однородных протоэлементов, образующих **протосреду**, и как единичный элемент протосреды Вселенной более высокого уровня, то выражение [1.1] можно определить, как упрощенную модель структуры Глобального миропорядка. Тем, кто владеет теорией систем, тензорной алгеброй и другими не менее увлекательными разделами математики, очевидно не составит труда

6

написать более точную модель и доказать небесполезность строгого математического аппарата в применении к прикладным вопросам физики.

Таким образом, с большой вероятностью можно допустить, что Глобальная вселенная имеет иерархическую структуру. Вселенные (они же - протоэлементы) любого уровня, в соответствии с теперь уже теоремой Пуанкаре (с легкой руки г-на Перельмана), можно отнести к категории «компактных многообразий без края», гомеоморфных трехмерной сфере. Сфера любой Вселенной является вместилищем протосреды, которую древние мыслители именовали Эфиром. Смысл протосреды можно уловить в осторожном, а скорее лукавом, определении «физического вакуума». Не возмущенная протосреда – это однородная изотропная субстанция. При возмущении протосреда становится полевой средой (детище г-на Репченко), к которой мы еще вернемся в этой нескучной работе.

Я намеренно не оперирую понятием пространства, т.к. в компании уже не малого числа ученых считаю эту категорию не физической, а вполне абстрактной, служащей для определения координат, протяженностей и объемов, как впрочем - и категорией времени, которое определяет последовательность и темп событий, протекающих в возмущенной протосреде. Для описания происходящих явлений, разумеется, необходимы пространственно-временные координаты, абсолютные для своей Вселенной. Рассуждения об «искривлении» пространства или изменении темпа самого времени не перестают оставаться обычной фантазией, взамен которой господа теоретики попросту не удосужились пока найти другого объяснения.

Итак, мы уже можем себе позволить подозревать, что стабилизация микро, макро и глобальных систем при их возмущении обусловлена неким действием, связанным с иерархической структурой Глобального миропорядка.

По пути к объяснению механизма этого действия приведем весьма любопытное рассуждение.

2. R_0–распределение

Если рассмотреть монотонно расширяющуюся сферу от некого начального сферического элемента с радиусом R_0 и шагом абсолютного приращения радиуса $2R_0 = const$, то

R_0-распределение можно определить, как *изменение относительного приращения радиуса (R_n/R_{n-1}) рассматриваемой сферы в функции монотонного возрастания этой величины,*

где n = 0, 1, 2, 3, … ∞ - ряд натуральных чисел, определяющих последовательность шагов расширения сферы.

Такое расширение эквивалентно заполнению объёма сферы множеством сферических протоэлементов с радиусом R_0. Для простоты и благозвучия, и не без нескромного намёка на авторство, будем называть это распределение по-русски «Ро-распределением», следуя в написании принятому выше обозначению R_0. Господам, не владеющим русским языком, фонетическим ориентиром в произношении может послужить греческая буква ρ.

Построим график R_0-распределения при монотонном увеличении радиуса сферы до ∞:

R : 0 → R_0 → $2R_0$ → $4R_0$ → $6R_0$ → $8R_0$ → $10R_0$ → $12R_0$ → … ∞

n : 0 → 1 → 2 → 3 → 4 → 5 → 6 → … → ∞

$\dfrac{R_n}{R_{n-1}}$: ∞ → 2 → 2 → 1,5 → 1,33 → 1.25 → 1.2 → … → 1

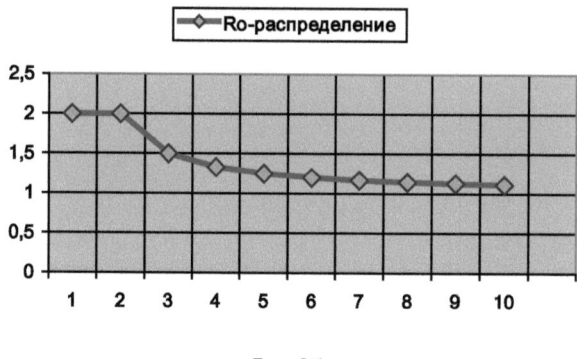

Рис. 2.1

Из этого симпатичного графика (Рис. 2.1) следует, что относительные приращения радиуса и, следовательно, объема рассматриваемой сферы, при бесконечном монотонном увеличении абсолютных значений этих величин, стремятся к единице:

$$\lim_{n \to \infty} \frac{R_n}{R_{n-1}} = 1, \qquad \lim_{n \to \infty} \frac{V_n}{V_{n-1}} = 1 \, , \qquad [2.1]$$

а их абсолютные приращения стремятся к нулю:

$$\lim_{n \to \infty} (R_n - R_{n-1}) = 0, \qquad \lim_{n \to \infty} (V_n - V_{n-1}) = 0. \qquad [2.2].$$

Из [2.1] и [2.2] вытекают два замечательных вывода:

1. *Монотонно расширяющаяся сфера с шагом приращения радиуса, равным диаметру сферы начального элемента, замкнута и, следовательно, конечна.*

Чем не теорема Пуанкаре в более простом обличье и имеющая конкретный физический смысл.

2. В бесконечно большой замкнутой сфере начальный сферический элемент с радиусом R_0 вырождается в точку.

$$\Delta R_{\underset{n=\infty}{}} = \mathbf{n}\,R_0 - (\mathbf{n-1})\,R_0 = \mathbf{0}, \quad \text{т.е.} \quad \boldsymbol{R_0 = 0} \qquad [2.3].$$

Не это ли признак вакуума! Т.е., если подобное допустить, то **вакуум есть физическая протосреда Вселенной**, или - все тот же Эфир, который так не любит официальная наука.

Весьма примечательным выглядит участок графика R_0 **–распределения** между первым и вторым шагом (назовем его «Полка»), где не происходит изменения относительного приращения радиуса сферы при росте его абсолютного значения. Это - тоже признак, которому мы уделим внимание несколько позже. Участок между нулевым и первым шагом не менее примечателен и указывает на то, что относительное приращение объема Сферы от центра (точки) до величины с радиусом начального сферического элемента – бесконечно, и это еще раз намекает нам на справедливость четвертого постулата предполагаемого Закона.

3. Механизм глобальной стабилизации систем

Мировой научный опыт и простая логика показывают, что глобальный механизм стабилизации систем универсален и находит проявление также в нашей Вселенной. Предшествующие этой главе рассуждения укрепляют наши теперь уже не робкие предположения о взаимосвязи подчиненных замкнутых систем.

Явления и процессы, происходящие в обозримой Вселенной, настойчиво намекают на то, что компенсация первичного и производных возмущений, связанная с образованием материи, является стабилизирующим звеном в иерархической цепи Глобального миропорядка. Представления о протосреде позволяют нам по-новому взглянуть на продукт материализации энергии – *вещество* и его основной признак – *массу*. Понимание природы массы дарит нам один из важнейших ключей к разгадке механизма детерминированной эволюции Вселенной. Все виды взаимодействий в пределах Вселенной следует рассматривать как проявление действия этого механизма на разных уровнях организации материи.

Что же было до т.н. Большого Взрыва? Одна из рабочих космологических версий утверждает, что Вселенная была стянута в точку, а затем рвануло! Эта версия может быть справедливой, если добавить, что она (наша Вселенная) никуда не стягивалась, она, наряду с бесконечным множеством Вселенных своего уровня, и была, и остается точкой, или протоэлементом протосреды Вселенной более высокого уровня. Теперь возникает не менее серьезный вопрос, а почему рвануло, и откуда взялась энергия этого возмущения?

Пришло время сформулировать пятый постулат предполагаемого Закона:

Постулат №5:

Иерархическая стабилизация бесконечного множества замкнутых взаимоподчиненных физических систем реализуется посредством

компенсации возмущений через механизм их иерархической дискретизации (квантования).

Иными словами, энергия (возмущение) конденсируется в субстанцию, именуемую материей (квантованное возмущение), посредством *спинарной поляризации* протосреды взаимоподчиненных Вселенных. Под спинарной поляризацией будем полагать процесс возбуждения единичных элементов (протоэлементов) невозмущенной протосреды, которые при возмущении аккумулируют *протоквант* энергии в виде *протоспина*.

Первичное возмущение и вызванная им реакция протосреды Вселенных *n*-уровня обусловлены спинарной поляризацией протоэлементов Вселенной *(n+1)*-уровня, находящихся в области ее возмущения. Миг для такой Вселенной оборачивается вечностью для заполняющих ее протоэлементов (Вселенных *n*-уровня), эволюция каждой из которых направлена на формирование своего *«суперспина»*, материализующего энергию первичного *n*-возмущения.

$$... \Leftrightarrow t_\infty^{n-1} = t_0^n \Leftrightarrow t_\infty^n = t_0^{n+1} \Leftrightarrow ... \qquad [3.1]$$

Выражение [3.1] указывает на отношение времени во взаимоподчиненных Вселенных, где t_0^n - хронон Вселенной *n*-уровня; t_∞^n - время формирования «суперспина» Вселенной *n*-уровня.

Наглядным примером отношения времени в микро и макросистемах может послужить образное высказывание молодого талантливого физика Игоря Иванова о том, что в зепто- или тем более в йоктосекундном диапазоне в микромире «все просто стоит!». Мы уже подчеркивали выше, что время абсолютно только в системе своего уровня.

Таким образом, протоквант энергии Вселенной *(n+1)*-уровня эквивалентен энергии Первичного возмущения Вселенной *n*-уровня, т.е. всей ее энергии.

Но не так-то все просто, господа.

Для того чтобы понять морфологию материализованного из энергии вещества, необходимо определить физическую природу **массы** и **заряда**.

4. Механизм «консервации» энергии

Исходя из *Постулата №5* предполагаемого Закона, **масса** элементарных образований при компенсации возмущения должна зависеть, по крайней мере, от количества спинарно поляризованных изотропных протоэлементов, сконцентрированных в определенном объеме скалярного пространства протосреды. Волновое возмущение, распространяющееся в протосреде с квантовой энергией $\hbar\omega$, пропорциональной частоте спинарной поляризации в пределах сферы действия, привело к резонансу участков протосреды с образованием возбужденных областей, затем, при снижении энергии (увеличении длины волны λ), - первичных элементарных частиц, и далее - к формированию производных элементарных образований вещества.

Резонансные условия на субквантовом уровне протосреды при формировании элементарных (в общем смысле) частиц можно определить следующими параметрами:

- накоплением действия, зависящим от размеров сферы распространения возмущения, т.е. некоторой величиной k_1R, где k_1 – коэффициент пропорциональности, R – радиус сферы распространения возмущения;
- инерционностью действия в пределах сферы распространения возмущения с радиусом R, т.е. некоторой величиной k_2m, где k_2 – коэффициент пропорциональности, m – физическая величина, определяющая работу спинарной поляризации протоэлементов в сфере с радиусом R при распространении волнового возмущения;
- скоростью распространения волнового возмущения в протосреде, определенной в физике как скорость света c.

На величине *скорости света* следует остановиться отдельно.
Прежде всего, это – вполне физическая величина, постоянство которой имеет также определенный физический смысл, если предположить, что

распространение возмущения в протосреде происходит в виде цепной временной спинарной поляризации протоэлементов, проявляющейся в направленной передаче момента импульса от одного протоэлемента к другому с длиной волны, кратной минимальной λ_0 (см. Рис. 4.1).

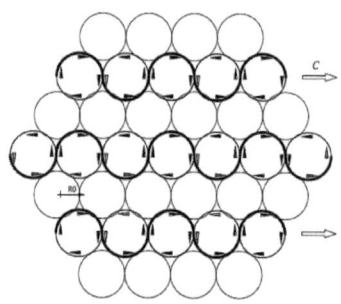

Рис. 4.1 Механизм передачи возмущения в протосреде

В этом случае скорость света можно определить как: $c = \dfrac{\lambda_0}{t_0}$, где t_0 - хронон, или время передачи полного момента импульса возмущения парой смежных протоэлементов, т.е. минимальный интервал времени в нашей Вселенной.

Механизм передачи возмущения прост до гениальности и заключается в том, что полный оборот возбужденного протоэлемента с радиусом R_0 передается по цепи смежных элементов протосреды за период, кратный t_0 с длиной волны, кратной λ_0!

С этой точки зрения, определение фотона как элементарной частицы, по крайней мере, не корректно.

Постоянство скорости передачи волнового возмущения (скорости света) в протосреде при разной длине волны объясняется тем, что кратность увеличения длины волны $\lambda_n = n\lambda_0$ равна кратности увеличения времени ее распространения $t_n = nt_0$, где $n = 1, 2, 3, \ldots, \infty$.

Исходя из выше сказанного, максимальный квант энергии можно записать выражением:

$E_{max} = h\nu_0 = h/t_0$, или, преобразуя с учетом $t_0 = \dfrac{\lambda_0}{c}$, $E_{max} = \dfrac{hc}{\lambda_0}$. Тогда

максимальная элементарная масса: $\qquad m_0 = \dfrac{h}{\lambda_0 c}$

[4.1]

Попробуем понять смысл выражения [4.1], рассматривая общий случай резонанса в некой сферической области протосреды.

Период передачи волнового возмущения при резонансных условиях можно определить формулой:

$$T = 2\pi\sqrt{k_1 R k_2 m} \qquad\qquad [4.2]$$

Радиус сферы распространения возмущения R за период T:

$$R = \frac{T}{2\pi}c = c\sqrt{kRm}, \text{ где } k = k_1 k_2 \qquad\qquad [4.3]$$

Т.е. R – это радиус сферической поляризованной области протосреды, формирующейся при передаче действия за период волнового возмущения.

Из [4.3] следует: $\qquad R^2 = c^2 kmR$, или $m = \dfrac{R}{kc^2}$, $\qquad\qquad$ [4.4]

где $\dfrac{R}{k} = W$ - потенциальная энергия сферического образования с радиусом R.

Таким образом, величину m можно определить как физическую величину, характеризующую полную компенсацию возмущения в объеме сферы с радиусом R, или как некий продукт «консервации» энергии за счет спинарной изотропной поляризации части протоэлементов протосреды в пределах этой сферы, именуемый в классической физике **массой покоя**:

$$m = \frac{W}{c^2} \qquad\qquad [4.5]$$

Анализ размерности коэффициента k ($k \Rightarrow T^2/ML$, или, при $E_k \Rightarrow ML^2/T^2$, $k \Rightarrow L/E_k$),

показывает, что этот коэффициент определяет границы спинарно поляризованной зоны протосреды при полной компенсации возмущения с кинетической энергией $E_k = \hbar\omega$ за период T. Обратная коэффициенту k величина эквивалентна энергии, необходимой для формирования единицы радиуса сферы поляризации. Т.е. коэффициент k определяет проницаемость или «возмущаемость» протосреды. Проницаемость протосреды пропорциональна радиусу сферы поляризации $k = R/E_k$. При подстановке этого значения в [4.3], можно получить, например, знаменитую формулу Эйнштейна: $E_k = mc^2$.

Преобразуя это выражение через квант действия ($m = \hbar\omega/c^2 = \hbar 2\pi/c^2 T$), можно прийти к обобщенной записи выражения [4.1] для массы элементарной частицы:

$$m = \frac{\hbar}{Rc} \qquad [4.6], \qquad \text{или:} \qquad mR = \frac{\hbar}{c} = const \qquad [4.7].$$

Выражение [4.7] определяет одно из важнейших свойств элементарной материи, приоткрывая нам природу гравитации, показывая, что рост массы сопряжен с адекватным сужением сферы ее распределения в протосреде (увеличением потенциальной энергии), что очевидно обусловлено стремлением к пространственной минимизации действия. Наряду с этим становится понятной природа механизма регулирования массы частиц, производных элементарным, при поглощении или излучении кванта энергии, проявляющегося в изменении радиуса возбужденного слоя флуктуативной сферы, иначе говоря, энергетического уровня активных элементов частиц, в том числе, например, энергетических уровней электронов в атомах.

Не менее важным свойством образующихся частиц является то обстоятельство, что, исходя из выражения [4.3], длина окружности сферы частицы равна длине резонансной волны при возмущении протосреды

$$2\pi R = Tc = \lambda \qquad [4.8]$$

Преобразуя [4.6] с учетом выражения длины волны [4.8], приходим к зависимости массы частицы от длины волны производного возмущения:

$$m = \frac{h}{\lambda c} \qquad [4.9], \qquad \text{или:} \qquad m\lambda = \frac{h}{c} = const \qquad [4.10]$$

Попутно заметим, что выражения [4.9] и [4.10] никак не противоречат формуле комптоновской длины волны.

С учетом выражения [4.1] и в соответствии со вторым выводом [2.3], вытекающим из закона R_0-*распределения*, возмущение с квантовой энергией $E_{max} = \frac{hc}{\lambda_0}$ безусловно приведет к образованию «супермассивных» единичных протоэлементов с предельной массой m_0, вкрапленных в невозмущенную (скалярную) протосреду. Подобная изолированность обусловлена тем, что квант возмущения с длиной волны $\lambda_0 = 2\pi R_0$ замыкается внутри единичного протоэлемента.

Кроме того, из выражений [4.8] - [4.10] следует шестой постулат предполагаемого Закона:

Постулат №6

«Консервация» энергии возмущения в протосреде, или ее материализация, происходит путём образования единичных возбужденных протоэлементов, изолированных в изотропном пространстве скалярной протосреды, а также путём образования замкнутых цепей из пар взаимообратных возбужденных протоэлементов, передающих по этим цепям, последовательно от элемента к элементу, импульс возмущения со скоростью света, с длиной волны, кратной радиусу протоэлемента и равной длине окружности флуктуативной сферы образовавшейся частицы.

Т.е. признаком наличия массы у элементарных новообразований могут быть как изолированные неактивной оболочкой, единичные возбужденные протоэлементы с массой m_0, так и замкнутые структуры возбужденных протоэлементов или *корпускулярные структуры*, образующиеся при снижении кинетической энергии возмущения (см. Рис. 4.2).

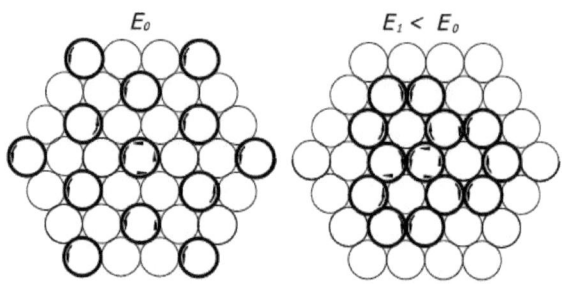

Рис. 4.2 Плоская модель механизма «консервации» энергии в протосреде

С учетом этого, обращаясь к стандартной модели, бозоны *фотон* и *глюон* не являются корпускулами и поэтому не имеют массы.

То, что называют фотоном является элементарной волновой, квазилинейной, замкнутой в сфере Вселенной передачей возмущения в протосреде через пары взаимообратных протоэлементов (см. Рис. 4.1).

Забегая вперед, глюон можно определить как элементарную волновую гармонизирующую передачу возмущения в замкнутом объеме протосреды, заключенном в границах элементарных корпускул (см. Рис. 4.2), или более сложных флуктуативных образований, например, кварков, нуклонов или их комплексов. Механизм передачи возмущения – такой же, как у фотона - через пары взаимообратных протоэлементов, с той же скоростью (скорость света). Число пар возбужденных протоэлементов элементарных глюонных цепей всегда кратно трем и зависит от интенсивности распространения в протосреде (кинетической энергии) корпускулярного возмущения. Энергия связи возмущенных протоэлементов в элементарных корпускулах, или протокорпускул в более сложных корпускулярных образованиях пропорциональна снижению кинетической энергии возмущения и определяет часть потенциальной энергии производных частиц.

Таким образом, тот самый мистический корпускулярно-волновой дуализм элементарных частиц приобретает вполне физическое объяснение. Корпускулярное образование передает импульс волнообразно, последовательно распространяя в протосреде возбуждение с длиной волны $\lambda = 2\pi R$, где R – радиус флуктуативной сферы, кратный R_0. Флуктуативная сфера – это «консервная банка» протосреды, в границах которой заключена доза «замороженной» (потенциальной) энергии в виде волновой передачи момента импульса по замкнутой цепи (цепям) из пар протоэлементов с длиной волны, равной длине окружности этой сферы.

То есть, любая элементарная частица – это передаваемое в протосреде волнообразное возбуждение, напоминающее катящуюся корпускулу, поэтому принцип неопределенности также не вызывает ни какого сомнения!

Разумеется, что утверждение о так называемых «спонтанных флуктуациях в вакууме» не может найти у нас какой-либо самой малой поддержки, т.к. предыдущие рассуждения убеждают нас в том, что коллапс или свертывание (замыкание) возбужденных участков протосреды, является следствием достижения вполне определенного энергетического порога, природу и механизм действия которого мы рассмотрим несколько позже.

Попутно, кстати, можно доказать невозможность достижения скорости света любым, даже самым элементарным, веществом. Применяя R_0-*распределение* к длине волны возможных флуктуаций, начиная с минимальной (λ_0), запишем:

$$\lambda_0 = 2\pi R_0 \Rightarrow \lambda_1 = 2(2\pi R_0) \Rightarrow \lambda_2 = 4(2\pi R_0) \Rightarrow \lambda_3 = 6(2\pi R_0) \Rightarrow \lambda_4 = 8(2\pi R_0) \Rightarrow \ldots \infty,$$

$$\text{или:} \quad \lambda_1 = 2\lambda_0 \Rightarrow \lambda_2 = 4\lambda_0 \Rightarrow \lambda_3 = 6\lambda_0 \Rightarrow \lambda_4 = 8\lambda_0 \Rightarrow \ldots \qquad [4.11]$$

Скорость переноса корпускулярного возмущения в протосреде (v) при любой длине волны (λ_n) можно определить отношением длины волны к периоду ее распространения (t_n), кратному хронону (t_0). Кратность при этом будет равна числу пар возбужденных протоэлементов ($i/2$) в замкнутой цепи флуктуативной сферы частицы: $t_n = (i/2)t_0$. Например, для протокорпускул, изображенных в правой части Рис. 4.2, она будет равна трем.

Исходя из [4.11], скорость переноса корпускулярного возмущения в протосреде Вселенной для любого уровня материальной иерархии:

$$v_n = \frac{\lambda_n}{t_n} = \frac{2\lambda_0}{3t_0} = \frac{2}{3}c = const \qquad [4.12]$$

Становится очевидным новый закон сохранения, а именно - **Закон сохранения скорости распространения корпускулярной материи всех иерархических уровней в протосреде Вселенной**.

С учетом закона [4.12], при увеличении кинетической энергии корпускулярной материи, будет расти масса вещества из-за возбуждения валентных участков протосреды (см. Рис. 4.3.). Снижение энергии закономерно приведет к уплотнению вещества.

Из выше сказанного следует один из самых важных постулатов, определяющий основной регулятор формирования материального мира:

Постулат №7

Скорость передачи корпускулярного возмущения в протосреде Вселенной является абсолютной физической величиной, равной двум третям скорости света, и только закон сохранения этой величины определяет индукцию взаимодействий на всех уровнях материальной иерархии.

Господам экспериментаторам представляется уникальная возможность проверить и подтвердить этот важнейший постулат, отбросив весьма сомнительные рассуждения об абстрактной категории «пространства-времени» и прочих к сему приложениях.

Ярким подтверждением истинности нашего постулата является, например, невозможность выхода двух «Пионеров» из Солнечной системы. Необъяснимость этого факта с точки зрения принятых законов физики компенсируется всякого рода досужими размышлениями о «руке таинственной цивилизации» и прочей разной чепухой.

Исходя из [4.10] и [4.11], масса флуктуативных образований также подчинена закону

R_0-распределения, причем, многоуровневого. Распределение *первого уровня*, от элементарной массы $m_0 = h/\lambda_0\, c$, имеет вид:

$$m_1^1 = m_0/2 \Rightarrow m_2^1 = m_0/4 \Rightarrow m_3^1 = m_0/6 \Rightarrow m_4^1 = m_0/8 \Rightarrow \ldots \quad [4.13]$$

Распределение *второго уровня*, от начальной массы первого уровня $m_1^1 = h/\lambda_1\, c$, имеет вид:

$$m_1^2 = m_1^1/2 \Rightarrow m_2^2 = m_1^1/4 \Rightarrow m_3^2 = m_1^1/6 \Rightarrow m_4^2 = m_1^1/8 \Rightarrow \ldots \quad [4.14],$$

и так далее, в соответствии с иерархией структурирования вещества во Вселенной.

Пример преобразования массы элементарной корпускулярной структуры $m = 3m_0/2 = 1,5m_0$ при достижении порогового значения сообщаемой энергии, изображен на Рис. 4.3. Увеличение энергии приводит к замыканию валентных участков и, следовательно, к увеличению массы производной корпускулярной структуры $m = 3m_0/2 + 3m_0/4 = 1,5m_0 + 0,75m_0 = 2,25m_0$. Доля приращения массы в этом случае – это ничто иное, как т.н. «полевая масса», предложенная г-ном Репченко.

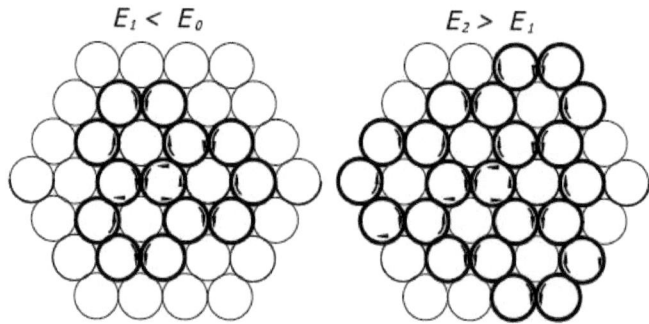

Рис. 4.3. Плоская модель преобразования корпускулярной структуры

Так как скорость передачи действия в глюонных цепочках корпускул разных уровней материи всегда одинакова и равна скорости света, энергия корпускулярного возмущения жестко связана с размером корпускул (длиной волны), что регулируется законом сохранения скорости передачи корпускулярного возмущения в протосреде [4.12].

В случае снижение кинетической энергии корпускулярного возмущения, можно рассматривать два варианта вероятных событий:

Вариант 1:

Отдельные, невзаимодействующие частицы уменьшают радиус, компенсируя снижение интенсивности распространения в протосреде уменьшением длины волны, т.е. увеличением потенциальной энергии и массы, вплоть до самого плотного состояния.

Вариант 2:

Частицы однородной корпускулярной среды определенного уровня материи, например, *первого шага* $\lambda_1 = 2(2\pi R_0)$, при снижении плотности (абсолютной температуры), стремятся группироваться в виде флуктуативных образований с реактивной длиной волны следующего шага $\lambda_2 = 4(2\pi R_0)$. Механизм этого группирования таков, что при снижения энергии корпускул исходной среды, из-за отрицательного ускорения $-dv/dt$, вполне закономерно возникают усилия $F = f(dv/dt)$, направленные на объединение корпускул в совокупные структуры, поддерживающие скорость передачи возмущения постоянной. Такое взаимодействие проточастиц, направленное на образование корпускул более высокого уровня, относится к т.н. *сильному взаимодействию*. Основным признаком сильного взаимодействия является постоянство периода (частоты) передачи импульса в непрерывной, однородной полевой структуре флуктуативных образований определенного иерархического уровня материи. Средой этого вида взаимодействия служат *партонное* и *кварк-глюонное* поля (*«Тяжелые» поля*), которым мы уделим внимание несколько позже.

В основе *гравитационного взаимодействия* лежит похожий механизм, именуемый *Всемирным тяготением,* действие которого также направлено на уплотнение материализованной системы при снижении энергии (возбуждения) отдельных, связанных единой структурой протосреды фрагментарных материальных элементов. Индукция сил тяготения (гравитации), с точки зрения выдвигаемых нами предположений, также обусловлена законом сохранения

[4.12], только волновая передача возмущения между материальными телами происходит через цепи протоэлементов протосреды, с определенной длиной волны. Как назвать квант такой передачи, собственно все равно, можно и *гравитоном*. Длина волны гравитационного взаимодействия находится в прямой зависимости от расстояния между материальными телами и, разумеется, определяет величину сил тяготения.

Прекрасная возможность сочинить единую теорию поля. Дерзайте, господа физики!

Итак, мощные волновые процессы в протосреде Вселенной, производные первичного возмущения, привели к образованию элементарного вещества в виде спинарно поляризованных корпускул, взаимодействие которых определяется градиентом глобального стабилизационного процесса. С этой точки зрения, материализовавшееся барионное вещество является промежуточным продуктом этого процесса, а иерархическое структурирование вещества и все виды взаимодействий представляют собой механизм детерминированного восстановления «идеальной формы» материи, необходимой для формирования суперспина Вселенной.

Если развивать эту модель, то т.н. *барионная антиматерия* является неким сопутствующим противовесом реакции протосреды на возмущение и непосредственно участвует в формировании корпускулярного вещества в виде равновесных энергетических состояний (*комплементарных структур*). Корпускулярные цепи (см. модель на Рис. 4.3.) формируются из пар возбужденных протоэлементов, имеющих разнонаправленный спин. Решающим при взаимодействии корпускул является спин валентных протоэлементов, и это определяет восприятие частицы как материи или антиматерии, что само по себе - весьма условное понятие.

Мое ощущение и осмысление «антиматерии», существенно отличается от определений, принятых в официальной науке. Материя и антиматерия в моем представлении – это два неотрывных, взаимодополняющих элемента гармонизации действия, равнозначных *pro* и *contra* его результата. Образно говоря, антиматерия – это прямое отражение действия в зеркале противодействия. Скорее всего, правы те, кто связывает понятие антиматерии с «отрицательной» массой, а не зарядом. Мы попробуем обосновать это утверждение несколько позже. В любом случае, поиск антимиров где-то во Вселенной является занятием не менее абсурдным, чем представление о том, что энергетические волны могут передаваться в пустоте.

Попутно можно предположить, что т.н. ***Темная материя*** – это «чистый конденсат», образовавшийся при компрессии *Первичного возмущения* (гиперимпульса от смежной Вселенной) в центре нашей Вселенной. Темная материя – это идеальная, безпотенциальная, изоспинарная возбужденная субстанция, к форме которой эволюционируют (восстановятся) в конечном итоге все другие виды материи (см. Рис. 4.4.).

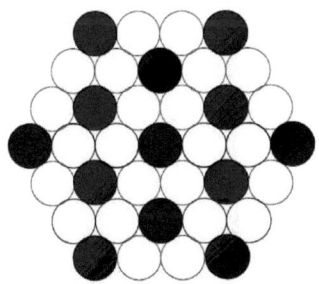

Рис. 4.4. Фрагмент плоской модели предполагаемой структуры Темной материи.

Возбужденные протоэлементы с массой m_0, изолированные скалярной средой, показаны на модели темным цветом. Если допустить, что рассмотренные ранее утверждения верны, то подобная структура является максимально плотной и максимально «тяжёлой», что предлагает уважаемым читателям напрочь перечеркнуть все современные фантазии по поводу *сингулярности*, а также прочую заумную мистику, выдвигаемую официальной наукой в виде гипотез об эволюции барионного вещества на стадии т.н. *Черных дыр.*

5. О структуре Вселенной

Я полагаю, настало время кратко сформулировать свою гипотезу Миротворения.

Следуя хронологии событий, Первичное возмущение (Primary perturbation - PP), вызванное передачей гиперимпульса от смежной Вселенной, компрессировалось в центре нашей Вселенной. В результате «гиперсжатия» образовалась «супертяжелая», однородная, неизлучающая (из-за изолированности возбужденных протоэлементов с массой m_0) сферическая субстанция (Рис. 5.1.), со структурой, приведенной на Рис. 4.4., именуемая официально **Темной материей** (Dark Matter - DM). По нашему определению – это «чистый конденсат» первичного возмущения. Кроме того, мы рассматриваем Темную материю, как идеальную форму материи в финальной стадии формирования суперспина Вселенной.

По свидетельству современной космологии DM составляет около 22% от общего энергетического баланса.

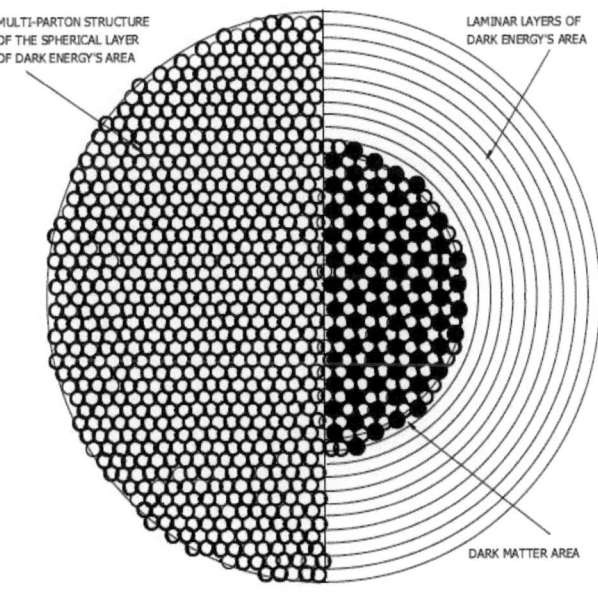

Рис. 5.1. Фрагмент упрощенной плоской модели областей DM и DE.

В результате последовавшего производного моментального возмущения, именуемого **Большим взрывом** (Big Bang - BB), при перемещении его фронта к периферии Вселенной, вокруг границ сферической области Темной материи, образовалась область возбужденной среды, сформированной из ламинарных сферических оболочек с непрерывной однородной структурой, построенной из корпускул *первого шага* с длиной волны $\lambda_1 = 2(2\pi R_0)$ и массой $m_1 = m_0/2$, «заморозившей» львиную долю энергии BB, справедливо именуемой в официальных источниках **Темной энергией** (Dark Energy - DE). Придерживаясь принятой в официальных источниках величины, определим пока условно содержание DE в общем энергетическом балансе первичного возмущения значением около 74%.

На этапе остаточного волнового возмущения в периферийных слоях области DE, из сплошной возмущенной среды *первого шага*, при снижении энергии фрагментировались пары протокорпускул *второго шага,* послужившие строительным материалом барионного вещества (пока условно - около 4%). Рассмотрим их позже.

Далее, с достаточной степенью вероятности, можно следовать принятой хронологии стандартной модели эволюции Вселенной на стадии формирования барионной материи, не забывая о причинах и эволюционном градиенте происходящих событий.

В соответствии с эволюционным градиентом, процесс компенсации остаточного возмущения на стадии формирования барионной материи делится на две основные фазы: *фазу синтеза вещества* и *фазу восстановления*, хотя разделение это – тоже весьма условное. В фазе *синтеза вещества* потеря энергии протокорпускул *второго шага* сопровождается их объединением в более крупные частицы, которые, в свою очередь, группируются в еще более крупные образования и т.д., вплоть до формирования звезд, галактик и их скоплений.

В фазе *восстановления,* после «выгорания» звезд, происходит иерархическое уплотнение барионной материи за счет гравитационного взаимодействия, механизм которого мы описали выше. Само «выгорание» или свечение звезд обусловлено оптимизацией структурирования материи в фазе *восстановления.* Уплотнение, сопровождающееся уменьшением общего объема тел, неизбежно приводит к последовательной иерархической деструкции корпускулярных структур до образования «темных кластеров» в центре тел (звезд) со структурой Темной материи, формируемых из возбужденных протоэлементов. Назовем их локальной областью Темной материи (Local Dark Matter Area - LDMA).

Вокруг LDMA происходит формирование однородных, суперплотных, ламинарных сферических образований со структурой Темной энергии (Local Dark Energy Area - LDEA), уже не излучающих и продолжающих уплотнять окружающее вещество (*накачка*), увеличивая объем суперплотной сферы, до момента достижения порога, определенного законом сохранения абсолютной скорости передачи корпускулярного возмущения [4.12]. После этого неизбежно происходит моментальная структурная инверсия (коллапс), сопровождающаяся увеличением сферы LDMA (Черная дыра) за счет уменьшения объема предельной сферы LDEA.

Коллапс проявляет себя в виде т.н. *Взрыва Сверхновой,* что, по сути, является моментальным выбросом «лишней» энергии через гамма-вспышку колоссальной силы, отзвуки которой наблюдают усердные астрономы.

Мы позволим себе смелость не согласиться с утверждением, что Черные дыры неограниченно поглощают вещество. Черная дыра, а точнее говоря, формирующая ее сфера LDMA, сама уже ничего не поглощает и не может поглощать, т.к. имеет предельную плотность. Она притягивает и уплотняет вокруг своих границ все вещество, находящееся в пределах ее гравитационного взаимодействия, вплоть до образования структуры LDEA, которая при продолжении *накачки,* снова коллапсирует, увеличивая локальную сферу LDMA и т.д.

Таков механизм детерминированного упорядочения спинарно поляризованной протосреды в пределах всего объема Вселенной. Это, кстати, объясняет т.н. «разбегание галактик». Галактики и скопления галактик, находясь в тонком периферийном слое материализованной сферической части Вселенной (см. Рис. 5.2) и уплотняясь в наблюдаемой фазе, «тянут одеяло на себя», т.е. действительно «разбегаются», поэтому «красное смещение» - правомерно и очевидно.

Справедливо задаться вопросом, а что же дальше? К чему приведет вся эта «кухня»?

Мы уже подчеркивали ранее, а теперь постулируем с уверенной настойчивостью:

Постулат №8

Темная материя – это идеальная форма материи или конечный продукт эволюции всех видов материи в нашей Вселенной.

Исходя из этого постулата, вся материализованная субстанция протосреды в пределах сферы Вселенной примет в конечном итоге форму Темной материи. Из этого постулата следует также, что количество энергии первичного возмущения (гиперимпульса), переданного от смежной - нашей Вселенной, как единичному элементу протосреды Вселенной верхнего уровня, определяет, какая часть протосреды в общем объеме сферы нашей Вселенной материализуется при этом.

При уплотнении и объединении расширенных галактических систем барионного вещества фаза «разбегания» сменится фазой «стягивания», с последующим образованием сплошных «темных» областей, которые за счет взаимодействия с граничными слоями, примыкающими к области Темной энергии, постепенно «заморозят» их энергию, вплоть до соединения с центральной частью (Рис. 5.2). При достижении критического значения, объем области Темной энергии уменьшится (схлопнется), а скалярная часть протосреды Вселенной равно увеличится.

Таким нам видится итог этапа формирования суперспина нашей Вселенной в череде бесконечных и не случайных событий глобального Миропорядка.

Попробуем доказать, что распределение энергии Первичного или глобального возмущения (PP), установленное эмпирически уважаемыми космологами, совсем не случайно с точки зрения выдвигаемых нами постулатов. Здесь мы вынуждены подчеркнуть еще раз, что т.н. Большой Взрыв – это всего лишь производное возмущение, вызванное компрессией колоссальной энергии в центре Вселенной с моментальным образованием материи нулевого шага, т.е. – Темной материи.

Предполагаемый баланс энергии можно записать выражением:

$$E_{PP} = E_{DM} + E_{DE} + E_{BS}, \qquad [5.1]$$

где:

E_{PP} - совокупная энергия Первичного возмущения (Primary Perturbation - PP) – 100%;

E_{DM} - энергия образования Темной материи (Dark Matter - DM) – около 22%;

E_{DE} - Темная энергия (Dark Energy - DE) – около 74%;

E_{BS} - совокупная энергия барионного вещества (Baryon Substance - BS) – около 4%.

Исходя из [5.1], образовавшаяся масса Вселенной должна была распределиться следующим образом:

$$M = M_{DM} + M_{DE} + M_{BS}, \qquad [5.2]$$

где: $M_{DM} = 0.22M; M_{DE} = 0.74M; M_{BS} = 0,4M$ - массы DM, DE и BS соответственно.

Следуя предполагаемой нами модели (Рис. 5.2.), компенсация большой части первичного возмущения, распространяющегося в виде *гиперимпульса* в скалярной протосреде к центру Вселенной, произошла за счет компрессии и материализации энергии (спинарной поляризации) в форме конденсированной субстанции (Темной материи). Последовавший за этим Большой взрыв сформировал отраженную волну возмущения в протосреде, направленную от центра к периферии Вселенной.

При этом в центре Вселенной образовалась сферическая область Темной материи с объемом $V_{DM} = \frac{4}{3}\pi R^3$, где R – радиус сферы DM, равный четверти периода T_{BB} распределения энергии Большого взрыва в сфере Вселенной. Объем области, материализованной за пределами сферы DM во втором полупериоде вторичного возмущения (ВВ), можно определить выражением:

$V_{DE_1} = \frac{4}{3}\pi(2R)^3 - V_{DM} = 7\frac{4}{3}\pi R^3$, т.е. V_{DE_1} - в семь раз больше объема сферы DM.

Проверим наши выводы, прежде всего, на примере принятых распределений [5.1] и [5.2].

Исходя из того, что плотность DM (ρ_{DM}) в два раза выше плотности DE (ρ_{DE}), и считая для упрощения области образования DE и BS единой областью, преобразуем выражение [5.2] к виду:

$$V \approx V_{DM} + V_{DE_1} \approx \frac{0,22M}{\rho_{DM}} + \frac{0,78M}{1/2\,\rho_{DM}} \qquad [5.3]$$

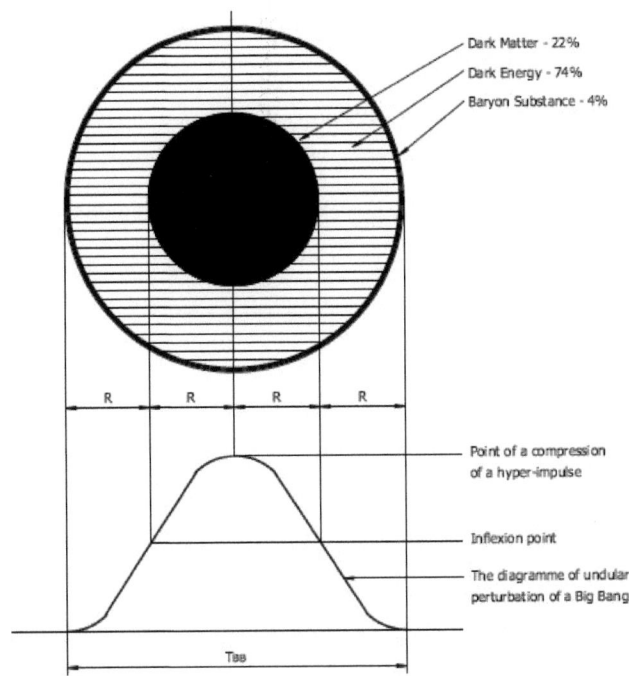

Рис. 5.2. Упрощенная модель образования материализованной части Вселенной.

Отношение $\dfrac{V_{DE_1}}{V_{DM}} = 7{,}090909...$ в этом случае весьма близко к результату наших предыдущих рассуждений, а девиация вполне объяснима принятыми упрощениями, следовательно, мы - на правильном пути к истине. Попробуем теперь утвердить и развить наши выводы.

Исходя из *Постулата №7*, энергию формирования DM (см. Рис. 5.2.) при распространении Первичного возмущения к центру Вселенной, с учетом закона сохранения [4.12], можно определить выражением:

$$E_{DM} = \frac{Mv_{DM}^2}{2} = \frac{M}{2}(\frac{2}{3}c)^2 = \frac{2}{9}Mc^2, \text{ т.е. } E_{DM} = \frac{2}{9}E_{PP} , \qquad [5.4]$$

где v_{DM} - скорость распространения области Темной материи при концентрации гиперимпульса в центре Вселенной.

Из [5.4] следует, что энергия Темной материи в общем балансе энергии Первичного возмущения действительно должна составлять около 22% (22,222...)! Доля оставшейся энергии после формирования области DM (inflexion point): $E_{DE_1} = (1 - 0,222...)mc^2 = (0,777...)E_{PP}$.

С учетом этого, выражение [5.3] преобразуется к виду:

$$V = V_{DM} + V_{DE_1} = \frac{(0,222...)M}{\rho_{DM}} + \frac{(0,777...)M}{1/2\,\rho_{DM}} , \qquad [5.5]$$

где V_{DE_1} - объем области, ограничивающий распространение материализуемой части Вселенной после образования Темной материи при условии неизменной плотности. При выполнении этого условия из [5.5] могло бы следовать, что отношение $\frac{V_{DE_1}}{V_{DM}} = 7$, что полностью подтверждало бы наши предположения.

Однако, Природа – немножко сложнее, чем она кажется.

Исходя из [5.4], с учетом закона сохранения [4.12], остаточную (неизменяемую) долю Тёмной энергии можно определить как:

$$E_{DE} = (0,777...)E_{PP} - \frac{2}{9}(0,777...)E_{PP} = 0,6049...E_{PP} \qquad [5.6]$$

Из [5.6] следует любопытный вывод, ставящий под сомнение принятое в современной космологии распределение энергии Первичного возмущения (см. [5.2]), а именно:

Доля Темной энергии в общем балансе энергии Первичного возмущения составляет 60,49...%.

Более того, второй член в выражении [5.6]: $\frac{2}{9}(0,777...)E_{PP} = (0,1728...)E_{PP}$ - никак не может соответствовать доле энергии барионного вещества! Отсюда следует, что мы нашли энергию, которая, при перемещении фронта вторичного возмущения от области Темной энергии к периферии Вселенной, явилась основой для формирования барионной материи. Носителем этой энергии является *Кварк-глюонное поле* - корпускулярная субстанция *второго шага* с длиной волны $\lambda_2 = 4(2\pi R_0)$), расширение которой, при потере удельной энергии, привело к образованию элементарных частиц барионного вещества. Рассмотрим их позже.

Следуя логике выражения [5.6], определяющего остаточную долю корпускулярной материи *первого шага* (Темная энергия), продолжаем распределение для кварк-глюонного поля и приходим к выражению:

$$E_Q = 2/9\,(0,777...)E_{PP} - (2/9)^2\,(0,777...)E_{PP} = 0,1344...E_{PP} \qquad [5.7]$$

Второй член в выражении [5.7] - $E_{BS} = (2/9)^2\,(0,777...)E_{PP} = 0,0384...E_{PP}$ - есть ни что иное, как совокупная доля энергии всех форм барионной материи ($\approx 3,84\%$), синтезированной из связавшихся в более крупные корпускулы элементарных частиц периферийной части кварк-глюонного поля.

Чем же тогда является загадочная субстанция $E_Q(M_Q)$, энергия (масса) которой составляет $\approx 13,44\%$ в общем балансе энергии Первичного возмущения, что ровно в 3,5 раза превышает энергию (массу) барионной материи? Рискнем утверждать, что эта однородная, возбужденная, непрерывная среда, основу которой составляют связанные глюонами разнополярные кварки и их «античастицы» (рассмотрим в следующей главе), представляет собой тонкую прослойку из кварк-глюонного поля, связывающего область Темной энергии с областью Вселенной, где распределено барионное вещество.

Определяя относительные значения энергии и массы разных уровней материи:

$$E_0^{'} = \frac{E_{DM}}{E_{PP}} = 2\big/9 \stackrel{step1}{\Rightarrow} E_1^{'} = \frac{E_{DE}}{E_{PP}} = (1 - 2/9)^2 \stackrel{step2}{\Rightarrow} E_2^{'} = \frac{E_Q}{E_{PP}} = 2\big/9\,(1 - 2/9)^2 \stackrel{step3}{\Rightarrow} \dots$$

$$M_0^{'} = \frac{M_{DM}}{M_{PP}} = \frac{2}{9} \overset{step1}{\Rightarrow} M_1^{'} = \frac{M_{DE}}{M_{PP}} = (1 - 2/9)^2 \overset{step2}{\Rightarrow} M_2^{'} = \frac{M_Q}{M_{PP}} = \frac{2}{9}(1 - 2/9)^2 \overset{step3}{\Rightarrow} \ldots$$

можно сформулировать **Закон иерархической материализации энергии** (The law of hierarchical materialization of energy - LHME) возмущения в протосреде Вселенной:

$$E_i^{'} = (E_0^{'})^{i-1}(1 - E_0^{'})^2 \quad \text{или} \quad M_i^{'} = (M_0^{'})^{i-1}(1 - M_0^{'})^2, \qquad [5.8]$$

где $i = 1,$ 2, 3, 4, … ∞ - шаг образования корпускулярной материи при распространении вторичного волнового возмущения в протосреде Вселенной, начиная от области Темной материи.

Закон [5.8] определяет долю энергии (массы) любого иерархического уровня материального мира в функции относительного значения энергии (массы) Темной материи. Закон LHME является частным случаем Закона иерархической стабилизации систем (LHSS).

Преобразуя выражение $E_1^{'} = (1 - E_0^{'})^2$, закон [5.8] можно записать в форме:

$$E_i^{'} = E_1^{'}(E_0^{'})^{i-1} \qquad [5.9]$$

6. О природе заряда в неотрывной связи с Миротворением

Не менее важным и значимым в понимании природы материи является объяснение механизма образования и действия электрического заряда.

В результате вторичного (корпускулярного) возмущения, при расширении образовавшейся материализованной субстанции, неизбежно снижалась плотность её крайних слоёв, что приводило к изменению формы материи в соответствии с законом [5.8]. Кроме «чистого конденсата» (*нулевой шаг* - 22,22...%), окруженного областью возмущенной однородной корпускулярной среды (60,49...%), образовавшейся в период *первого шага* вторичного волнового возмущения, на периферии этой расширяющейся области, в период *второго шага* образовались пары проточастиц *второго шага* (13,44...%), структура и спин которых определялись фазой волновой реакции протосреды с длиной волны $\lambda_2^1 = 4(2\pi R_0) = 4\lambda_0$.

В фазе туннельной конденсации, произошло уплотнение фрагментов исходной среды (субстанции, формирующей область Темной энергии), при этом образовались частицы *второго шага* (см. Рис. 6.1, a) с равномерным распределением активных корпускул *первого шага* в объеме флуктуативной сферы. Для упрощения, следуя робким предположениям современных физиков, назовем корпускулы *первого шага* **Партонами**, а среду формирования области Темной энергии – **Партонным полем.**

Реакцией партонного поля, уравновешивающей конденсацию плотных частиц, могло быть формирование частиц, степень разрежения которых равнялась бы степени уплотнения частиц, образовавшихся в предыдущей фазе. Единственным вариантом в этом случае мог быть синтез инверсных частиц с соединением трех партонов (из 13 активных протоэлементов) в центре флуктуативной сферы, вокруг активной оси (см. Рис. 6.1, b).

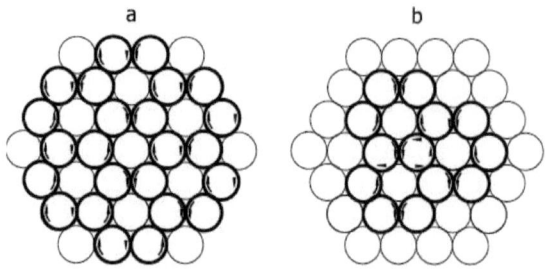

Рис. 6.1. a - плоская модель протокорпускулы фазы конденсации;

b - плоская модель инверсной протокорпускулы.

Анализируя массу парных проточастиц *второго шага* (m_u и m_d), получаем:

$m_u = m_0/2 + m_0/4 = \dfrac{3}{4}m_0$ и $m_d = \dfrac{3}{2}m_0$, из чего следует весьма любопытное отношение:

$$m_d/m_u = 2 \qquad\qquad [6.1]$$

Приближенный анализ плотности возбужденных и валентных протоэлементов в объеме флуктуативной сферы той и другой частицы, на примере плоских моделей, приводит к не менее интригующему результату.

Плотность   возбужденных протоэлементов в объеме флуктуативной сферы частицы *a*:

$$\rho_u^+ = 24/37 \approx 0{,}648 \approx 2/3 \qquad\qquad [6.2]$$

Плотность невозбужденных, или потенциально валентных протоэлементов в объеме флуктуативной сферы частицы *b*:

$$\rho_d^- = 12/37 \approx 0{,}324 \approx 1/3 \qquad\qquad [6.3]$$

Исходя из [6.1] - [6.3], недвусмысленный намёк на выводы Стандартной модели - очевиден.

Таким образом, мы добрались до элементарных *кварков*, а именно, u- и d-кварка, основных «строителей» барионного вещества, и даже можем объяснить природу заряда и массы этих, теперь уже не таких загадочных, проточастиц *второго шага* материи *первого уровня* ($\lambda_2^1 = 4\lambda_0$), родившихся в тонком периферийном слое расширяющейся области Темной энергии в результате мгновенной (туннельной) конденсации крайних слоев партонного поля, в соответствии с законами [4.12] и [5.8]. Очевидно, что эти проточастицы, из-за разной плотности активных элементов (партонов), при формировании однородной плотной структурированной среды, могли взаимодействовать только через связующие цепочки возбужденных протоэлементов – *глюонов*. Поэтому этот кварковый «кисель», с начальной энергией (0,1728...)E_{PP}, мы совершенно справедливо назвали кварк-глюонным полем. Фрагмент предполагаемой структуры кварк-глюонного поля приведен на Рис. 6.2.

Рис. 6.2. Плоская модель фрагмента кварк-глюонного поля.

В центре фрагмента – пара d-кварк и d-антикварк, связанная глюонами с u-кварками, которые взаимодействуют между собой и через глюонные цепи - с другими парами d-кварков. Домыслить развитие подобной структуры - весьма несложное занятие.

В период *третьего шага* потеря удельной энергии кварк-глюонного поля при расширении области его распространения к границам Вселенной, в соответствии с законом [5.8], неизбежно привела к объединению части пар u- и d-кварков в комплементарные (по образу корпускул *первого шага*) образования с удвоенной длиной волны $\lambda_1^2 = 2\lambda_2^1 = 8\lambda_0$ - частицы *третьего шага* (2,98…%). При этом в реактивной фазе туннельной конденсации образовались стабильные проточастицы материи *второго уровня*, именуемые **Протонами**. Комплементарная плоская структура протона в начальной стадии формирования этой частицы (Рис. 6.3,a), при снижении энергии сворачивается в суперплотное квазисферическое ядро со структурой LDMA (Рис. 6.3,b). Такое преобразование обусловлено всё тем же законом сохранения [4.12], когда 36 партонов из кварковой структуры протона конденсируются в 36 возбужденных, изолированных протоэлементов микроструктуры LDMA, представляющих из себя *энергетические инверсии партонов* с объемной структурой, положив тем самым начало *фазе восстановления* идеальной формы материи через механизм образования т.н. барионного вещества.

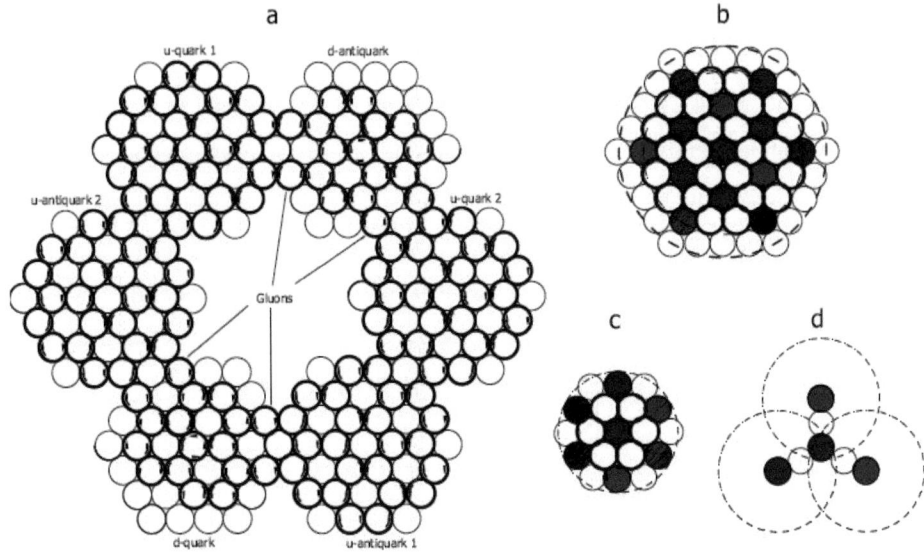

Рис. 6.3. a - модель плоской комплементарной структуры при формировании протона;

b - плоская модель объемной структуры протона;

c - плоская модель объемного фрагмента структуры протона;

d – схема объединения трех объемных фрагментов структуры протона.

Таким образом, протоны, как самые массовые элементарные частицы во Вселенной, можно рассматривать в качестве узловых элементов в матрице мирового *восстановительного процесса,* или образно говоря, в качестве той самой первичной «росы», которая положила начало зарождению «барионных ручейков» устремленных к океану идеальной материи.

Исходя из выше сказанного, робкие предположения некоторых уважаемых ученых о всепронизывающем присутствии Темной материи, организующем структуру барионного вещества, не совсем уж лишены смысла с точки зрения фундаментальных законов физики, разумеется, при правильном их трактовании.

Возмущение кварк-глюонного поля при туннельной конденсации протонов было уравновешено образованием частиц, степень разрежения которых равнялась степени уплотнения корпускул начальной фазы, т.е. частиц с зарядом, равным протонам по модулю и обратным по знаку.

В нашем трактовании это были равно стабильные с протонами, «полые» частицы, свернувшиеся в «потенциальные пузыри» из 36 партонов остаточного кварк-глюонного поля, именуемые *Электронами* (Рис. 6.4).

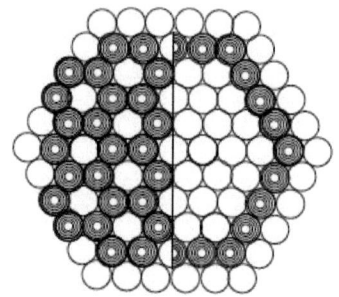

Рис. 6.4. Плоская модель полусечения электрона.

Таким образом, электрон – это уникальная сферическая частица со скалярной (невозбужденной) структурой внутри флуктуативной сферы, оболочка которой сформирована из однослойной «ткани» сферического партонного поля. Попробуем доказать это смелое утверждение в следующей главе нашей совсем не скучной работы.

Античастица электрона – *Позитрон*, формирующаяся зеркально действию, породившему электрон, должна иметь такую же структуру.

К стати, что касается понятия «антиматерии», то мы уже имеем полное право назвать чепухой признак «античастиц» по обратному заряду, показав выше, что отличие противоположных зарядов обусловлено разной плотностью возбужденной области в объеме флуктуативной сферы частиц, как реакции на волновое возмущение партонного поля, т.е. заряд является продуктом структурирования возмущенной среды. Позволим себе дерзость утверждать, что «антиматерии» свойственна просто обратная передача действия, или, иначе говоря, «отрицательная» масса корпускулярных структур. Например, то, что называют *Позитроном*, имеет точно такую же структуру, что и электрон, и тот же единичный отрицательный заряд. Эту корпускулу правильнее было бы назвать *антиэлектроном*. Отличие антиэлектрона от электрона заключается в том, что партоны, формирующие его энергетическую оболочку, упрощенно говоря, «закручены» в обратную сторону. Разумеется, что взаимодействие этой частицы обратно взаимодействию электрона. Физика всех видов β-распада убедительно подтверждает наши предположения, показывая, например, что «вспучивание потенциальных пузырей» в противофазе партонной волны (W^+-бозон) завершается образованием *антиэлектронов*.

Философский смысл «антиматерии» - не в противлении, а в содействии. С этой точки зрения, например, бозоны фотон и глюон «антиматериальны» сами себе, т.к. направления передачи прямого и обратного действия у этих возмущений равнозначны, взаимопроникающи и взаимонеобходимы (см. например Рис. 4.1). Я полагаю, что подобный механизм волновой передачи возмущения без потери энергии, только корпускулярного, лежит в основе эффекта сверхпроводимости, при котором электроны и их античастицы выстраиваются в «контактные» пары с разнонаправленным спином, что эквивалентно действию бозона с нулевым спином.

Не следует забывать, что что-либо значащее в природе происходит при резонансных условиях, когда удивительное свойство абсолютного равновесия побуждающего действия и реакции среды проявляется в новом качестве последующей ступени развивающейся системы. Солидарно с великим Николой Тесла, позволим себе утверждать, что феномен резонанса более глубок по своей природе и требует более осмысленного и тщательного подхода к его пониманию и оценке его значимости при анализе, моделировании и, тем более, синтезе «загадочных» явлений. В этой связи, при передаче (распространении) возмущения в возбужденной среде, антиматерия играет роль форсирующей субстанции.

В период <u>третьего шага</u>, кроме протона и электрона, из комплементарных образований с длиной волны $\lambda_1^2 = 2\lambda_2^1 = 8\lambda_0$, относящихся к нейтральным участкам коллапсирующего кварк-глюонного поля, при туннельной конденсации сформировались нейтральные частицы, похожие на протоны, именуемые **Нейтронами** (Рис. 6.5).

Некоторое увеличение массы по отношению к протону объясняется структурированием частицы. Следуя нашим представлениям, нейтрон, подобно протону, формируется из объемных инверсий партонов, только смещенных относительно центра частицы (см. Рис. 6.5,b), как например, плоские партоны d-кварка. Можно сказать условно, что та и другая частицы образуются из трёх плотных объемных фрагментов (см. Рис. 6.3,c и 6.5,c), разница состоит только в том, что центры этих фрагментов у нейтрона сгруппированы ближе к центру масс, формируя «пассивную ось» (см. Рис. 6.5,d). Группировка трех объемных фрагментов протона формирует «активную ось» (см. Рис. 6.3,d), что в свою очередь объясняет разнонаправленный спин у этих фундаментальных и не таких уж элементарных частиц.

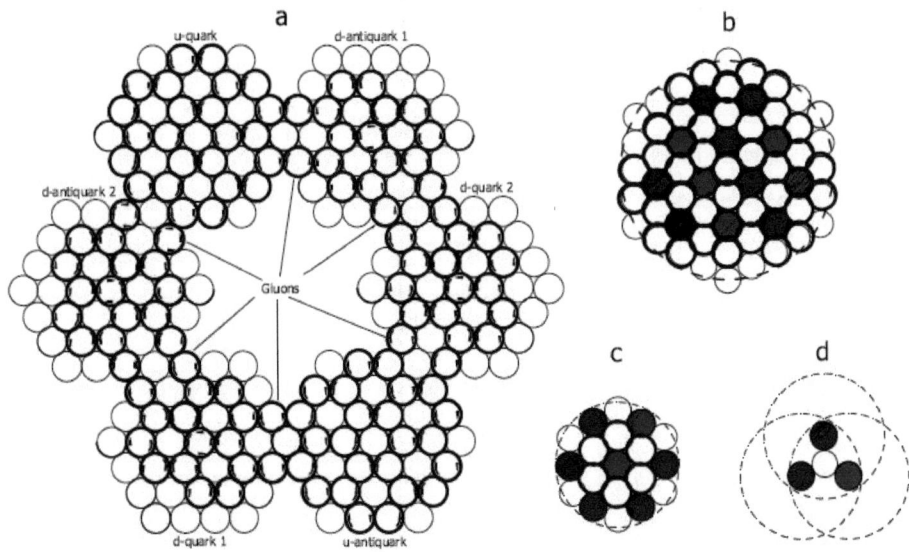

Рис. 6.5. a - модель плоской комплементарной структуры при формировании нейтрона;

b - плоская модель объемной структуры нейтрона;

c - плоская модель объемного фрагмента структуры нейтрона;

d – схема объединения трех объемных фрагментов структуры нейтрона.

Я полагаю, что нейтрализация нейтрона для электромагнитного взаимодействия обусловлена тем, что его ядро, из-за более плотного группирования вокруг оси, при конденсации «обтянулось» легкой квазисферической партонной оболочкой. Т.е. можно сказать,- как перчатку натянуло на себя электрон! Такая структура, кроме того, в полной мере позволяет называть нейтрон «нулевым» элементом и объясняет утрату стабильности по отношению к протону, что проявляется в виде т.н. отрицательного β-распада.

Формирование нейтронов сопровождалось образованием *нейтрино* – плоских лептонов с большим диаметром глюонной цепи (отсюда малая масса), балансирующих энергию их синтеза.

При конденсации в период четвертого шага свободные электроны были втянуты на энергетические уровни элементарных ядер (протонов), а также тяжелых ядер из протонов и нейтронов, образуя орбитали атомов водорода и его изотопов. Это были атомы протия, дейтерия и трития - первые во всей Вселенной, количеством около 0,664% от ее совокупной массы.

Разумеется, мне трудно согласиться с любой из современных моделей структуры атома из-за полувероятной или даже абсурдной природы их построений, не смотря на иногда безупречную стройность математического аппарата. Попробуем изложить свою версию ниже, в отдельной главе.

В период пятого шага произошло уплотнение части атомов водорода (0,1897...%) с образованием атомов гелия в количестве около 0,147% от *М*. Слоеный сферический «бутерброд» материи Вселенной получил новое прибавление. Кстати, вычисленное нами содержание водорода и гелия во Вселенной, образовавшихся за период первичного нуклеосинтеза, не противоречит экспериментальным данным официальной науки.

Период шестого шага Миротворения характерен образованием более тяжелого элемента – лития (0,0327...%), а седьмого шага, завершающего фазу первичного нуклеосинтеза, образованием его изотопов (0,00728...%). Далее, после утраты большей части энергии первичного возмущения, начинается эра уплотнения первичного вещества с последующим образованием звезд, звездных систем прочих образований иерархического материального ряда Вселенной, определенного Глобальным Миропорядком.

7. Немного больше о протоне и электроне

Чтобы понять, откуда взялась известная величина массы протона (~938,27МэВ), проанализируем процесс образования его структуры, исходя из того, что протон должен быть частицей *третьего шага материи второго уровня*, с радиусом флуктуативной сферы $R_p^? = 8R_0$. Но, при конденсации 36 партонов из его легкой, плоской кварковой связки в компактную объемную структуру, радиус образовавшегося элементарного ядра (протона) будет:

$$R_p \approx \sqrt[3]{R_0^3(36*3 + 37*3)} \approx 6R_0!$$

Для определения массы образовавшегося протона найдем отношение плотностей протовещества в конечной стадии $\rho_p = m_p / V_p$ и начальной стадии $\rho_p^{'} = m_p^{'} / V_p^{'}$ формирования, где $V_p \approx 4/3(\pi 6^3 R_0^3)$, $m_p = 36m_0$, $V_p^{'} \approx 4/3(\pi 12^3 R_0^3)$, $m_p^{'} = (4m_u + 2m_d)/6 = m_0$, $m_0 = 3,2МэВ$.

$$\rho_p / \rho_p^{'} \approx \frac{36m_0 12^3}{m_0 6^3} \approx 288 \qquad [7.1]$$

Отсюда масса протона: $m_p \approx 3,2 * 288 \approx 921,6МэВ$ [7.2]

Совсем неплохой результат для приближенного исчисления! Отличие от известного значения ($m_p \approx 938,27МэВ$) весьма невелико, и вероятно может быть объяснено при более терпеливом анализе. Важнее здесь другое. Из [7.1] и [7.2] вытекает весьма прелюбопытнейшее свойство, а именно то, что масса возбужденных протоэлементов микроструктуры LDMA протона в восемь раз превышает элементарную единичную массу ($m_0 = 3,2МэВ$) субстанции Темной материи, находящейся в центре нашей Вселенной. Это не противоречит закону [4.12], но означает, что вывод, сделанный нами в конце четвертой главы о предельном значении плотности DM, справедлив только отчасти и относится к стадии полностью восстановленной, идеальной формы материи с массой возбужденных протоэлементов $m_0 = 3,2\,МэВ$. Следует подчеркнуть, что это свойство материи заслуживает серьезного анализа в отдельной работе.

Кроме того, отношение объема эффективной сферы $V_p^{'} \approx 4/3(\pi 12^3 R_0^3)$ с радиусом $R^{'} = 12R_0$, в которой начинает «сворачиваться» плоская кварковая связка «заготовки» протона, к объему сформировавшегося протона $V_p^{'}/V_p$ также равно восьми. Отсюда следует, что отношение объема части флуктуативной сферы протона, расположенной вокруг его ядра с микроструктурой LDMA, к объему самого ядра равно семи:

$$\frac{V_p^{'} - V_p}{V_p} = 7 \qquad [7.3]$$

Из [7.3] следует откровенный намек на то, что протон является своеобразной микромоделью Вселенной, показывая, что в макро и микромире действует единый закон формирования материи. Это в очередной раз подтверждает наши представления об иерархическом структурировании протосреды, проявляющемся при компенсации возмущений.

Из равенства по модулю зарядов протона и электрона следует, что количество возбужденных протоэлементов в активной области протона равно их недостатку (полному отсутствию) во внутренней сфере электрона, или - количеству партонов, связанных в его энергетической оболочке. Т.е. электрон можно рассматривать, как некую энергетическую инверсию протона.

Кстати, партонная волна, надувающая «потенциальные пузыри» электронов при конденсации исходной среды, на мой взгляд, и есть тот самый W-бозон – тяжёлый, мимолетный сгусток энергии, переносящий возмущение партоного поля в оболочку электрона, осколки которого, в виде электронного антинейтрино, продолжают свой путь в протосреде Вселенной. Симпатичная модель, не правда ли, и с точки зрения энергетического баланса – не трудно доказуемая.

Задача проверки наших утверждений может быть сведена к доказательству сколь угодно близкого равенства количества партонов, связанных в сферической оболочке электрона, количеству возбужденных частиц в активной области протона, путем приближенного анализа, с привлечением живого воображения, не лишнего в любого рода размышлениях.

Итак, следуя логике наших предположений, объем внутренней (валентной) области флуктуативной сферы электрона должен быть равен объему «массивной» части протона, и следовательно его радиус - $R_e = R_p = 6R_0$. Т.е. электрон – это также частица *третьего шага*, но *материи первого уровня*. Кстати, следуя нашим предположениям, все лептоны являются частицами материи *первого уровня*.

С учетом площади плоского сечения партонного кольца $S_{part} = \pi(2R_0)^2 = 4\pi R_0^2$, а также площади поверхности сферы электрона $S_e = 4\pi(R_e)^2 = 4\pi 36 R_0^2$, определим количество партонов, связанных в энергетической оболочке электрона:

$$\frac{S_e}{S_{part}} = \frac{144\pi R_0^2}{4\pi R_0^2} = 36 \qquad [7.4]$$

Весьма не плохой результат, не правда ли, чтобы быть случайным совпадением!

Чтобы развеять сомнения, проверим значение массы покоя электрона, руководствуясь теми же предположениями. Возьмем для сравнения, например, массу *u*-кварка: $m_u \approx 2,4 M \ni B$, которая в соответствии с R_0-распределением массы одного уровня равна:

$$m_u = \frac{1}{2}m_0 + \frac{1}{4}m_0 = \frac{3}{4}m_0 = 0,75 m_0 \approx 2,4 M \ni B \qquad [7.5]$$

Масса покоя электрона, частицы *третьего шага* ($R_e = 6R_0$), в соответствии с законом R_0-распределения, может быть определена, как:

$m_e = \dfrac{1}{6} m_0 \approx 0{,}1667 m_0$, или с учетом [7.5] - $m_e \approx 0{,}5333 МэВ$. Полученный результат подтверждает порядок значения массы электрона, в очередной раз утверждая нас в представлениях о материальном мире. Полученное значение скорее показывает нам, что масса u-кварка, взятая в наших расчетах должна быть несколько меньше, например - $m_u \approx 2{,}3 МэВ$, при этом расчетная величина $m_e \approx 0{,}511 МэВ$ приближается к привычному для скептиков значению.

8. Что же такое атом?

Забавная история или красивая сказка о летающих вокруг атомных ядер шариках-электронах, казавшаяся мне до недавнего времени труднообъяснимой и поэтому всегда сомнительной, представляется сейчас почти нелепой. Усилия ученых разной величины, пытающихся угодить этой сказке своими, порой потрясающими по красоте, замысловатыми теориями, вероятно, все-таки заслуживают похвалы и внимания, т.к. в любом случае приближают нас к истине.

Следуя нашим представлениям о структуре электрона, рассмотренным выше, можно допустить, что активные энергетические уровни атомов также представляют собой некие оболочки, сформированные из однослойной «ткани» партонного поля (носителя Темной энергии), скроенной из энергетических «лоскутов», площадь которых равна площади развернутой сферы электрона $S_e = 4\pi R_e^2$. Исходя из этого предположения, сформулируем очередной постулат:

Постулат №9

Энергетические оболочки атомов представляют собой замкнутые, гомеоморфные трёхмерной сфере фигуры, поверхность которых сформирована из партонов развернутых оболочек орбитальных электронов, связанных в непрерывное партонное поле.

Площадь сферы энергетического уровня с главным квантовым числом **n** в этом случае можно записать выражением:

$$S_N = 4\pi(xR_e^{'})^2 = kS_e^{'} \qquad [8.1],$$

где: $xR_e^{'} = R_N$ - радиус сферы энергетического уровня N;

$k=2n^2$ – число энергетических «лоскутов» (развернутых партонных оболочек электронов) на энергетическом уровне N;

$R_e^{'}, S_e^{'}$ - радиус и площадь условной сферической оболочки орбитальных электронов;

x – кратность изменения радиуса сферы энергетического уровня в долях радиуса условной сферической оболочки орбитальных электронов.

Из [8.1], с учетом $S_N = 4\pi(xR_e^{'})^2 = x^2 S_e^{'} = kS_e^{'}$, следует:

$$x = \sqrt{k} = n\sqrt{2} \qquad [8.2].$$

Доказательством правомерности нашего предположения может послужить соответствие структуры энергетических уровней атома закону R_0 – *распределения* [2.1].

Из соотношения главного квантового числа **n** и максимального числа развернутых оболочек орбитальных электронов на соответствующих ему энергетических уровнях, с учетом [8.2], определим изменение относительного приращения радиусов R_N/R_{N-1} в функции монотонного их возрастания.

Таблица 8.1

n	1	2	3	4	5	6	7	…∞
$k=2n^2$	2	8	18	32	50	72	98	…∞
$R_N = n\sqrt{2}R_e^{'}$	$\sqrt{2}R_e^{'}$	$2\sqrt{2}R_e^{'}$	$3\sqrt{2}R_e^{'}$	$4\sqrt{2}R_e^{'}$	$5\sqrt{2}R_e^{'}$	$6\sqrt{2}R_e^{'}$	$7\sqrt{2}R_e^{'}$	…∞
R_N/R_{N-1}	2	1,5	1,33…	1,25	1,2	1,16…		………1

Результаты, сведенные в Таблицу 8.1, подтверждают нашу гипотезу структурирования протосреды на примере формирования атомарного вещества. Кроме того, анализ R_0 –*распределения* радиусов энергетических уровней, на участке, который в конце 2-ой главы мы назвали «полка», показывает, что для начального элемента этого ряда справедлив следующий вывод:

$$2n^2 = n = \frac{1}{2} \qquad [8.3]$$

Начальным элементом с радиусом $R_e^{'}/\sqrt{2} = 6R_0$, разумеется, может быть только свободный электрон, в оболочке которого, как мы установили выше, связано 36 партонов!

Из [8.3] следует, что в сферической оболочке начального элемента (свободного электрона) – партонов в два раза меньше, чем в оболочке орбитального электрона. То есть в каждом «лоскуте» орбитальных электронов связано по 72 партона!

Отсюда условный радиус $R_e^{'}$ из Таблицы 8.1, при расчёте радиуса энергетического уровня R_N, будет: $R_e^{'} = \sqrt{2}R_e = \sqrt{2}*6R_0$, где R_e - радиус свободного электрона. Сведём эти замечательные рассуждения в очередную таблицу.

Таблица 8.2

n	1/2	1	2	3	4	5	6	7	…∞
$k=2n^2$	1/2	2	8	18	32	50	72	98	…∞
$R_N = 2nR_e$	R_e	$2R_e$	$4R_e$	$6R_e$	$8R_e$	$10R_e$	$12R_e$	$14R_e$	…∞
R_N/R_{N-1}	2	2	1,5	1,33…	1,25	1,2	1,16…	……….1	

Из Таблицы 8.2 следует, что энергетическое квантование протосреды вокруг атомного ядра действительно происходит по закону R_0 –*распределения*, с дискретностью, равной диаметру начального элемента, т.е. - свободного электрона. Это объясняет увеличение числа партонных разверток орбитальных электронов на смежных восходящих подуровнях всегда на 4, что соответствует прибавлению 288 партонов на каждом последующем подуровне.

Из Таблицы 8.2 следует также, что отношение радиуса соответствующего энергетического уровня к главному квантовому числу является величиной постоянной:

$$\frac{R_N}{n} = 2R_e = 12R_0 = const \qquad [8.4]$$

Это означает, что скорость передачи возмущения на любом энергетическом уровне одинакова, и что субстанция атомных оболочек однородна.

Напрашивается очевидный вывод, подтверждающий *Постулат №9*: электроны в структуре атома преобразуются в мультипартонные фрагменты (*мультипартоны*) непрерывной ткани так называемых электронных оболочек. Сами же электронные оболочки правильнее было бы называть *Мультипартонными энергетическими оболочками* (Multi-Parton Energy Shell – MPES). Сложность структуры и формы MPES (в принятой терминологии - орбиталей) определяется числом энергетических уровней и подуровней атома. Площадь непрерывной поверхности MPES атома складывается из суммы площадей мультипартонов всех энергетических уровней атома.

Резюмируя выше сказанное, электронов (в строгом определении) в атомах просто нет! Энергетические оболочки свободных электронов при соединении в атомарную структуру преобразуются в замкнутые MPES, добавляя нам намек на то, что неумолимый процесс *восстановления* проявляет себя при структурировании барионного вещества также на стадии формирования т.н. электронных оболочек. Сами же MPES, особенно в атомах тяжелых элементов, напоминают ламинарные слои микроструктуры LDEA.

Я полагаю, что дискретность чередования ламинарных слоев мультипартонных энергетических оболочек LDEA при укрупнении и уплотнении локальных «темных» кластеров стремится к величине, равной диаметру партона ($4R_0$), т.е. к дискретности энергетических слоев партонного поля.

Потенциальная энергия MPES определяется кинетической энергией передачи возмущения в замкнутом партонном поле орбитали:

$$E = \frac{m\omega^2}{2} = \frac{mv^2}{2(R_N)^2} \qquad [8.5]$$

где:

ω - угловая скорость передачи возмущения в партонном поле $\omega = f(E)$;

v - линейная скорость передачи возмущения в партонном поле MPES. С учетом [4.12], эта скорость одинакова на всех энергетических уровнях $v = (2/3)c = const$;

m – масса MPES – также сохраняется независимо от энергетического уровня. Преобразуя [4.7] для мультикорпускулярной структуры, с учетом [8.4], находим:

$$m = \frac{\hbar n}{cR_N} = \frac{\hbar}{c\sqrt{2}R_e^{'}} = const \qquad [8.6]$$

Проверка наших рассуждений на примере анализа потенциальной энергии MPES на разных энергетических уровнях (E_N), в сравнении с известным решением уравнения Шрёдингера для атома водорода ($E_N = E_1/n^2$), с учетом выражения [8.5], приводит к тому же результату:

$$E_1/E_N = \frac{mv^2}{2(R_1^e)^2} \bigg/ \frac{mv^2}{2(R_N^e)^2} = \frac{(R_N^e)^2}{(R_1^e)^2} = n^2 \qquad [8.7]$$

Кстати, есть небезосновательное подозрение, что шаровая молния – это «надутый электрон».

9. О реальном распределении материи во Вселенной

Исходя из *Закона иерархической материализации энергии* (LHME), распределение энергии (массы) Большого взрыва можно свести к табличному виду (см. Таблицу 9.1)

Таблица 9.1

Распределение энергии Большого взрыва в соответствии с Законом иерархической материализации энергии $E_i^{'} = E_1^{'}(E_0^{'})^{i-1}$		
Шаг образования корпускулярной материи	Иерархический уровень материи	Энергия формирования следующего уровня материи
«Великое начало»	$E_{DM} = (0{,}2222...)E_{PP}$ - Темная [м]атерия (чистый конденсат)	$(0{,}7777...)E_{PP}$ - Энергия первичного партонного поля
1	$E_{DE} = (0{,}6049...)E_{PP}$ - Темная энергия (остаточное партонное поле)	$(0{,}1728...)E_{PP}$ - Энергия первичного кварк-глюонного поля
2	$E_Q = (0{,}1344...)E_{PP}$ - Остаточное кварк-глюонное поле	$(0{,}0384...)E_{PP}$ - Совокупная энергия формирования барионного вещества
3	$E_{p-e-n} = (0{,}02987...)E_{PP}$ - несвязанные (быстрые) протоны, электроны и нейтроны	$(0{,}008535...)E_{PP}$- Совокупная энергия начальной фазы первичного нуклеосинтеза
4	$E_{n-H} = (0{,}006638...)E_{PP}$ -	$(0{,}001897...)E_{PP}$ - Совокупная

	атомарный водород (протий) и его изотопы (дейтерий и тритий)	энергия второй фазы первичного нуклеосинтеза
5	$E_{\alpha-He} = (14{,}754...)10^{-4}E_{PP}$ - α-частицы, атомы гелия и его изотопы	$(4{,}215...)10^{-4}E_{PP}$ - Совокупная энергия третьей фазы первичного нуклеосинтеза
6	$E_{Li} = (3{,}278...)10^{-4}E_{PP}$ - атомы лития	$(0{,}9366...)10^{-4}E_{PP}$ - Совокупная энергия завершающей фазы первичного нуклеосинтеза
7	$E_{Li} = (0{,}7284...)10^{-4}E_{PP}$ - изотопы лития	$(0{,}2081...)10^{-4}E_{PP}$ - Остаточная совокупная энергия первичного возмущения при завершении первичного нуклеосинтеза
...	...	...

Итак, мы пришли к выводу, что основное таинство рождения «строительного материала» нашей Вселенной произошло за семь первых шагов (периодов) процесса Миротворения. Дальнейшее развитие событий – более прозаично, хотя и не лишено некоторых привлекательных оборотов, являющихся предметом непрерывного изучения славной армии ученых, талант и прозорливость которых, надеюсь, не раз еще порадуют нас своими открытиями.

Исходя из данных Таблицы 9.1, выражение [5.5] преобразуется к виду, определяющему реальное распределение материи в последовательно чередующихся сферических слоях (V_i) Вселенной с разной плотностью вещества (ρ_i):

$$V = V_{DM} + \sum_{i=1}^{n} V_i = \frac{M_{DM}}{\rho_{DM}} + \frac{M_1}{\rho_1} + \frac{M_2}{\rho_2} + \frac{M_3}{\rho_3} + \ldots + \frac{M_n}{\rho_n} \qquad [9.1],$$

где: $i = 1,2,3\ldots n$, при $n \to \infty$;

$$\sum_{i=1}^{n} M_i = M_1 + M_2 + M_3 + \ldots + M_n = (0,777\ldots)M \qquad [9.2],$$

где: $M_1 = (0,6049\ldots)M$; $M_2 = (0,1344\ldots)M$; $\ldots M_i = (0,222\ldots)M_{i-1}$; $\ldots M_n = 0$.

Плотность семи слоев вещества (ρ_i), образовавшихся вокруг сферы Темной материи в фазе до завершения первичного нуклеосинтеза, в долях её плотности (ρ_{DM}), рассчитаем, исходя из значений потенциальной массы слоев ($M_i^{'} = \dfrac{M_i}{0,777\ldots}$) и их потенциальных объемов ($V_i^{'}$):

$$\rho_1 = \frac{(0,777\ldots)M}{V_1^{'}}, \ \rho_2 = \frac{(0,1728\ldots)M}{V_2^{'}}, \ \ldots \ \rho_7 = \frac{(0,2081\ldots)10^{-4}M}{V_7^{'}} \qquad [9.3].$$

Потенциальные объемы слоев предполагают расчетную (условную) зону распределения материи при полной консервации энергии слоя без изменения плотности.

$$V_1^{'} = 4/3\pi (2R_{DM})^3 - V_{DM}, \ V_{DM} = 4/3\pi R_{DM}^3 = 4,1887\ldots R_{DM}^3, \ V_1^{'} = 4/3\pi \, 7 R_{DM}^3 = 29,3215\ldots R_{DM}^3 ;$$

$$\rho_{DM} = \frac{(0,222\ldots)M}{4,1887\ldots R_{DM}^3} = 0,05305\ldots M/R_{DM}^3 , \qquad\qquad \rho_1 = \frac{(0,777\ldots)M}{29,3215\ldots R_{DM}^3} = 0,02652\ldots M/R_{DM}^3 ,$$

$$\rho_1 = 0,5\rho_{DM} .$$

Найдем реальный радиус распространения области Темной энергии из отношения V_1/V_{DM}:

$$V_1 \Big/ V_{DM} = \frac{(0,6940...)}{0.5(0,222...)} = 5,444... = \frac{(x_1 R_{DM})^3 - R_{DM}^3}{R_{DM}^3}, \quad x_1 = \sqrt[3]{6,444...} = 1,86..., \text{ т.е. } R_1 = 1,86...R_{DM}.$$

Исходя из того, что длина волны λ_i каждого последующего слоя увеличивается вдвое по отношению к длине волны предыдущего слоя $\lambda_i = 2\lambda_{i-1}$, потенциальный радиус его распространения R_i' также увеличивается в два раза. Отсюда находим потенциальные объемы и плотность других слоев материи:

$$V_2' = 4/3\pi \, [(\sqrt[3]{6,444...} + 2)]^3 \, R_{DM}^3 - V_1, \quad V_1' = 4/3\pi \, 6,444...R_{DM}^3,$$

$$V_2' = 4/3\pi \, (57,55...)R_{DM}^3 = 214,0861...R_{DM}^3; \quad \rho_2 = \frac{(0,1728...)M}{214,0861...R_{DM}^3} = (8,0715...)10^{-4} \, M \Big/ R_{DM}^3,$$

$$\rho_2 = \rho_{DM} \frac{(8,0715...)10^{-4}}{0,05305...} = (1,5214...)10^{-2} \rho_{DM},$$

$$V_2 \Big/ V_1 = \frac{0,1111...}{0.06373...} = 7,3027... = \frac{(x_2 R_{DM})^3 - (6,444...)R_{DM}^3}{(6,444...)R_{DM}^3 - R_{DM}^3} = \frac{x_2^3 - 6,444...}{5,444...},$$

$$x_2 = \sqrt[3]{46,2039...} = 3,5883..., \quad \text{т.е. } R_2 = 3,5883...R_{DM}.$$

Произведя аналогичные расчеты для остальных уровней, сведем результаты в Таблицу 9.2.

Результаты расчетов из Таблицы 9.2 приводят нас к выводу, что относительное приращение радиуса распределенных материализованных слоев Вселенной стремится к удвоению:

$$\lim_{i \to \infty} \frac{R_i}{R_{i-1}} = 2 \qquad\qquad [9.4],$$

а относительное приращение объёма этих слоев, соответственно:

$$\lim_{i \to \infty} \frac{V_i}{V_{i-1}} = 8 \qquad\qquad [9.5].$$

Отсюда следует, что мы «нащупали» край материальной части нашей Вселенной, точнее говоря, признак этого края, который характеризуется тем, что выполнение условий [9.4] и [9.5] возможно только при неизменном относительном приращении радиусов, ограничивающих два крайних слоя:

$$R_n / R_{n-1} = R_{n-1} / R_{n-2} = 2 \qquad\qquad [9.6],$$

что равносильно неизменной или нулевой плотности этих слоёв. Это означает, что та часть энергии Большого взрыва, которая материализовалась в форме корпускулярного (барионного) вещества, прекращает распространение к краю Вселенной, все больше локально уплотняясь, образуя звезды, звездные системы, которым следуют «темные» кластеры (LDMA, LDEA), стягивающиеся в конечном итоге в непрерывные «темные» области, и т.д., в соответствии с нашей моделью эволюции Вселенной. Вот вам и вся "инфляция"!

Таблица 9.2

	Материя «тяжёлых» полей (материя I-го уровня)		Материя первокорпускул (материя II-го уровня)		Материя барионного вещества (материя III-го уровня)			
Step (i):	PP->BB	1	2	3	4	5	6	7
λ	λ_0	$2\lambda_0$	$4\lambda_0$	$8\lambda_0$	$16\lambda_0$	$32\lambda_0$	$64\lambda_0$	$128\lambda_0$
$\dfrac{R'_i}{2R_{DM}}$	1/2	1	2	4	8	16	32	64
V_i	$\dfrac{(0{,}222...)M}{\rho_{DM}}$	$\dfrac{(0{,}6049...)M}{1/2\,\rho_{DM}}$	$\dfrac{(0{,}1344...)M}{(1{,}52...)10^{-2}\rho_{DM}}$	$\dfrac{(0{,}0298...)M}{(4{,}42...)10^{-4}\rho_{DM}}$	$\dfrac{(0{,}00663...)M}{(1{,}25...)10^{-5}\rho_{DM}}$	$\dfrac{(0{,}00147...)M}{(3{,}52...)10^{-7}\rho_{DM}}$	$\dfrac{(0{,}000327...)M}{(9{,}84...)10^{-9}\rho_{DM}}$	$\dfrac{(0{,}000072...)M}{(2{,}74...)10^{-10}\rho_L}$
$\dfrac{V_i}{V_{i-1}}$		5,444...	7,3027...	7,6448...	7,8232...	7,9138...	7,9583...	7,9800...
$x_i = \dfrac{R_i}{R_{DM}}$	1	1,86092...	3,5883...	7,0483...	13,9729...	27,8266...	55,5388...	110,9680...
$\dfrac{R_i}{R_{i-1}}$		1,86092...	1,9282...	1,9642...	1,9824...	1,9914...	1,9958...	1,9980...

Заключение

В заключении остается еще раз подчеркнуть основной вывод Закона, определяющего в нашем изложении фундаментальный механизм Мироздания:

Скорость перемещения в вакууме (протосреде) материальных образований всех уровней структурной иерархии - абсолютна, постоянна и равна двум третям скорости света, это и есть единственное условие существования материального мира в нашей Вселенной.

Иными словами, подобно электромагнитному и другим «безмассовым» возмущениям, корпускулярное возмущение, проявляющееся в виде организованного вещества любого уровня материальной иерархии, передается в протосреде всегда с постоянной скоростью, на треть отличающуюся от скорости света. Закон сохранение этой величины определяет индукцию всех взаимодействий, возникающих в виде восстанавливающих (регулирующих) усилий, которые, в переходных процессах реакции на возмущения, направлены на адекватное структурирование вещества.

Должен огорчить может быть большую часть современных физиков, которые искренне считают, что «разгоняют частицы до скоростей, близких к скорости света». Увы, это - не так, уважаемые господа. «Разгоняя» частицы, вы ни коим образом не изменяете их скорость, она – абсолютна, меняется только структура элементарных образований, которая определяет волновые характеристики и массу корпускулярного возмущения!

При «столкновении» возбужденных частиц с мишенью, в соответствии с тем же законом, мгновенное «торможение» сопровождается энергетической конденсацией субстанции LDMA частиц, с образованием коротко живущих, супер-тяжелых корпускулярных возмущений, таких, например, как т.н. (горячо ожидаемый) бозон Хигса, который в нашем представлении является описанным выше, инверсным партоном, составляющим основу Темной материи. Масса таких частиц, теоретически, может быть сколь угодно большой, с точки же зрения физики, она ограничена величиной изменения энергии при изменении волновой характеристики возбужденной корпускулы. Впрочем, это отдельная, глубокая тема, которой мы непременно уделим должное внимание в следующей работе.

Я допускаю, что кто-то сочтёт за дерзость публикацию материала, предложенного в этой краткой работе. Не претендуя на «истину в последней инстанции», я, тем не менее, искренно и твердо уверен в том, что представил вашему вниманию.
Я уверен также в том, что изложенный здесь материал, полезный как для эксперимента, так и для более глубокого теоретического анализа, не оставит равнодушной любую мыслящую голову.
В следующих работах надеюсь удивить вас в не меньшей степени, и да не судите строго. Господь нам всем - судья.